创意家装设计图典

客厅

理想·宅 编

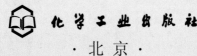
化学工业出版社

·北京·

本套图书选取了近两年内极具创意性的家居实景案例，通过对优秀设计师作品的分析来详细地解析家装设计。套书以空间进行分类，包括了《客厅》、《卧室·书房》、《餐厅·厨房》以及《玄关·走廊·卫浴》4个分册，每一册内又按照时下比较流行的现代简约风格、现代时尚风格、北欧风格、新中式风格、现代美式风格和简欧风格进行小的分类，较有特色的是针对每张图片列出了主材的参考价格，同时搭配了与空间和风格对应的小贴士，是非常有参考作用的实用性书籍，很适合室内设计师及广大业主参考阅读。

编写人员名单：（排名不分先后）

叶　萍	黄　肖	邓毅丰	邓丽娜	杨　柳	张　蕾	赵芳节	刘团团	梁　越	李小丽	王　军
于兆山	蔡志宏	刘彦萍	张志贵	刘　杰	李四磊	孙银青	肖冠军	安　平	马禾午	谢永亮
祝新云	潘振伟	王效孟								

图书在版编目（CIP）数据

创意家装设计图典：客厅 ／ 理想·宅编． —北京：
化学工业出版社，2018.5
　ISBN 978-7-122-31776-6

　Ⅰ．①创… Ⅱ．①理… Ⅲ．①住宅–客厅–室内装饰
设计–图集 Ⅳ．①TU241–64

　中国版本图书馆CIP数据核字（2018）第053030号

责任编辑：王　斌　邹　宁　　　　　　　　　　　　装帧设计：王晓宇
责任校对：吴　静

出版发行：化学工业出版社(北京市东城区青年湖南街13号　邮政编码100011)
印　　装：北京东方宝隆印刷有限公司
710mm×1000mm　1/12　印张10　字数200千字　2018年5月北京第1版第1次印刷

购书咨询：010-64518888（传真：010-64519686）　　售后服务：010-64518899
网　　址：http://www.cip.com.cn
凡购买本书，如有缺损质量问题，本社销售中心负责调换。

定　　价：39.80元

目录
Contents

第一章
现代简约风格

简约就是将所有的设计元素简化到最少的程度

但它并不等同于什么也不做

也不等同于简单

而是将硬装和软装经过深思熟虑后的成果

可以理解为简练而有品位

这种品位体现在设计的细节之处

每一个细小的局部和装饰，都要深思熟虑

在施工上更要求精工细作

而作为家居中主要的活动区域

客厅是简约风格设计的重中之重

在进行设计时应以简洁、实用、省钱为基本原则

灰色大理石（80 ~ 240 元 / 平方米）

TIPS：简约风客厅背景墙适用材料

简约风格强调少即是多的理念，在进行设计时会将所有的设计元素简化到最少。

在硬装的选材上，不再局限于石材和木料等天然类材料，而是进一步将选择范围扩大到玻璃、金属、壁纸等合成材料上，并夸大材料之间的结构关系。因此，在进行简约风格客厅背景墙的设计时，选材可以自由一些，无论是乳胶漆、石材、金属、饰面板还是玻璃都可以组合使用，甚至一些新型的材料也可以大胆选择。但需要注意的是造型的组合设计，宜简洁利落以实用为原则，不宜为了过度追求美观性而做一些复杂的造型。

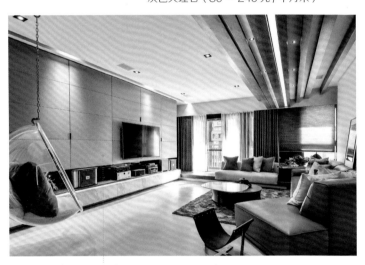

灰色板材留缝拼贴(60 ~ 135 元 / 平方米)

白色大理石（110 ~ 340 元 / 平方米）　银色不锈钢条（35 ~ 100 元 / 米）

灰色壁纸（50 ~ 135 元 / 平方米）

米黄色木纹饰面板（80 ~ 210 元 / 平方米）

注：装修建材市场价格变化较大，书中所列价格仅供参考，请以当地市场价格为准。

白色乳胶漆（18~25元/平方米）

绿色条纹壁纸（40~150元/平方米）

白色乳胶漆（18~25元/平方米）

艺术涂料（60~110元/平方米）

白色乳胶漆（18～25元/平方米）

横条错缝硬包造型（260～380元/平方米）

石膏板造型留缝处理白色乳胶漆饰面（60～160元/平方米）

彩色乳胶漆（20～35元/平方米）

木工板造型米黄色木纹饰面板饰面
（155～310元/平方米）

混纺地毯（90～280元/平方米）

白色混油（50～90元/平方米）

石膏板造型白色乳胶漆饰面（50～180元/平方米）

TIPS：简约风客厅的配色设计

　　简约风格客厅的色彩设计遵循简练、有效的原则。因为客厅内的一切设计都非常简洁，色彩就可适当地跳跃一些。

　　配色设计以无色系中的黑、白、灰为主，其中黑色通常做跳色点缀使用，白色或灰色其中一种或组合作为大面积主色使用。若追求极致的简约感，可以完全地用黑、白、灰来组合；追求温馨一些的氛围，可以在主色的基础上，使用一些米色或米黄色；追求个性美，则可以在黑白灰的基调上，再搭配高纯度的色彩进行点缀，黄色、橙色、红色等高饱和度的色彩都是较为常用的几种色彩，这些颜色大胆而灵活，不单是对简约风格的遵循，也是个性的展示。

米黄色木纹饰面板（80 ～ 210 元 / 平方米）

灰色乳胶漆（20 ～ 35 元 / 平方米）

浅米色乳胶漆（20 ～ 35 元 / 平方米）　　红色乳胶漆（20 ～ 35 元 / 平方米）

淡米黄色乳胶漆（20 ～ 35 元 / 平方米）

米黄色木纹饰面板（80 ~ 210 元 / 平方米）

暗棕色木纹饰面板（70 ~ 180 元 / 平方米）

浅灰色暗纹壁纸（55 ~ 180 元 / 平方米）

灰色水泥板错缝拼贴（90 ~ 260 元 / 平方米）

灰色风景壁纸画（80 ~ 220 元 / 平方米）　　白色乳胶漆（18 ~ 25 元 / 平方米）　　　　淡灰色乳胶漆（20 ~ 35 元 / 平方米）

白色大理石（110 ~ 340 元 / 平方米）　　米黄色木纹饰面板（80 ~ 210 元 / 平方米）　　白色乳胶漆（18 ~ 25 元 / 平方米）

石膏板拼缝造型灰色乳胶漆饰面
（65～195元/平方米）

白色混油
（50～90元/平方米）

灰色饰面板
（60～180元/平方米）

白色乳胶漆（18～25元/平方米）

石膏板拼缝造型白色乳胶漆饰面（65～195元/平方米）

灰色暗纹壁纸（60～190元/平方米）

TIPS：简约风客厅平面式背景墙的设计

简约风格的客厅背景墙造型简洁、利落，非常适合中小型公寓、平层或复式户型。在简约客厅中，平价的平面式背景墙制作材料有各种涂料、壁纸、低档饰面板和玻璃，中高档价位的材料有石材、高档饰面板和各类新型集成材料。具体设计时，可以结合墙面的宽度来选择材料的纹理和造型。如果墙面宽度不大，可以单独使用一种纹理比较简单的材料例如壁纸、木纹饰面板等，搭配简洁一些的造型，如压几根不锈钢条或石膏线条；如果墙面宽度较大，可以选择两至三种材料进行混搭，材料之间的对比可以强烈一些，例如玻璃、不锈钢和饰面板，或石材和玻璃等。

白色大理石（110～340元/平方米）

浅棕色木纹饰面板（90～150元/平方米）

灰镜（280～330元/平方米）　　银色不锈钢条（15～35元/米）

棕色木纹饰面板（95～165元/平方米）　　灰色羊毛地毯（130～450元/平方米）　白色大理石（110～340元/平方米）

棕色实木板错缝铺贴（280～650元/平方米）　　米灰色强化地板（80～260元/平方米）

彩色乳胶漆（20～35元/平方米）　　暗棕色木纹饰面板（70～180元/平方米）　　白色壁纸（50～130元/平方米）

石膏板拼缝造型灰色乳胶漆饰面（65～195元/平方米）　　米白色条纹壁纸（50～160元/平方米）

浅灰色饰面板错缝拼贴（70～160元/平方米）

灰色墙砖（60～185元/平方米）

浅灰色饰面板
（70～210元/平方米）

浅灰色饰面板
（70～210元/平方米）

棕色羊毛地毯
（260～580元/平方米）

TIPS：简约风客厅凹凸式背景墙的设计

　　凹凸式背景墙最大的特点就是有起有伏，即使是使用同一种材料做装饰，层次感也很强。它虽然比平面式电视墙更美观一些，但造价要高。做法通常有两种方式：一种是用石膏板做造型，面层使用板材或涂料；另一种是用木工板做基层，面层使用板材、玻璃、石材等。在简约风的客厅中，无论哪一种造型方式，均建议以大块面的造型为主，即使是线条也建议搭配利落的没有纹理的款式。具体设计时，可以让中间凸出两侧维持原墙面的高度，也可以让两侧凸出，中间维持原高度。由于造型略为复杂，所以材料数量不建议超过三种，色彩则控制在两种内最佳。

印花灰镜（300 ～ 380 元 / 平方米）

横条错缝硬包造型（260 ～ 380 元 / 平方米）

蓝玻璃（130 ～ 190 元 / 平方米）　　　白色混油（75 ～ 110 元 / 平方米）

米黄色木纹饰面板（80 ～ 210 元 / 平方米）

米黄色木线密排
（110～230元/平方米）

浅灰色暗纹壁纸
（60～160元/平方米）

白色大理石（110～340元/平方米）

白色大理石（110～340元/平方米）　　　黑漆铁方管（160～330元/米）

竖线条硬包造型（200 ~ 280 元 / 平方米）

米灰色木纹饰面板（90 ~ 190 元 / 平方米）

白色大理石（110 ~ 340 元 / 平方米）

米黄色木纹饰面板（80 ~ 210 元 / 平方米）

白色大理石（110 ~ 340 元 / 平方米）

米灰色凹凸麻纹壁纸（110 ~ 260 元 / 平方米）

石膏板拼缝造型白色乳胶漆饰面（50 ~ 180 元 / 平方米）

白色亮面饰面板（60 ~ 120 元 / 平方米）

木工板造型白色混油饰面（110 ~ 260 元 / 平方米）　　　白色乳胶漆（18 ~ 25 元 / 平方米）

彩色乳胶漆（20 ~ 35 元 / 平方米）　　　白色乳胶漆（18 ~ 25 元 / 平方米）　　　灰色亚光地砖（85 ~ 260 元 / 平方米）

白色大理石（110 ~ 340 元 / 平方米）

艺术涂料（60 ~ 110 元 / 平方米）　浅棕色木纹饰面板（90 ~ 150 元 / 平方米）

灰色大理石（80 ~ 240 元 / 平方米）　米色暗纹壁纸（50 ~ 135 元 / 平方米）

米黄色木纹饰面板（80 ~ 210 元 / 平方米）

TIPS：简约风客厅实用型背景墙的设计

简约风格的一个显著特点就是以实用性为出发点，在一些小户型中，在存储空间不足的情况下，就可以将客厅背景墙与储物空间组合起来进行设计，打造成实用型的背景墙，同时满足美观性和实用性。客厅是一个家庭的"脸面"，所以储物格或柜子不能做得过于随意和混乱，可以完全使用较为规整的储物格，也可以将柜子和储物格穿插进行具有节奏感的设计。需注意的是，若预计摆放的物品不是很美观，更建议完全做成封闭式的柜子，将物品隐藏起来。这种实用型背景墙的色彩，建议以白色或灰色为主，以黑色、原木色或少量跳跃的彩色做点缀，看起来会更舒适。

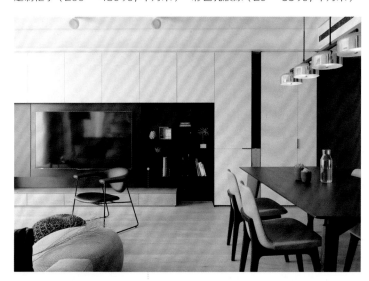

定制柜子（200 ~ 480 元 / 平方米）　彩色乳胶漆（20 ~ 35 元 / 平方米）

彩色乳胶漆（20 ~ 35 元 / 平方米）

黑色饰面板（60 ~ 180 元 / 平方米）　　　　　　灰色砖纹壁纸（60 ~ 150 元 / 平方米）

白色砖纹 3D 自粘壁纸（40～90 元 / 平方米） 灰色暗纹壁纸（50～170 元 / 平方米） 黑镜（220～380 元 / 平方米）

彩色乳胶漆（20～35 元 / 平方米） 白色饰面板（50～110 元 / 平方米） 黄色亮面饰面板（60～120 元 / 平方米）

彩色乳胶漆（20～35元/平方米）　　　木工板造型白色混油饰面（110～260元/平方米）　　　木工板造型白色混油饰面（110～260元/平方米）

米黄色木纹饰面板（80～210元/平方米）　　　　　　灰色暗纹壁纸（50～170元/平方米）

白色饰面板（60～180元/平方米）

黑色饰面板（60～180元/平方米）

几何图案地毯（90～350元/平方米）

黑镜（280～330元/平方米）

白色大理石（110～340元/平方米）   灰色饰面板（60～180元/平方米）

第二章
现代时尚风格

现代时尚风格是工业社会的产物

一向以简约精致著称

也叫做前卫风格

设计中也多使用直线条

它与简约风格的最大区别是更加精致、时尚

更加凸显自我、张扬个性

以浓重的或强对比色彩为主

多采用新材料和工艺

推崇有个性的结构美和室内布置方式

非常适合年轻的人群

印花灰镜（300～360元/平方米）

黑色夸张植物图案壁纸（80～260元/平方米）

不等宽竖线条硬包造型（220～310元/平方米）

TIPS：时尚风客厅背景墙适用材料

现代时尚风格多使用不锈钢、大理石、玻璃或人造材质等个性比较强的材质，来营造具有超强时尚感的空间氛围。客厅中，背景墙的材料可以结合墙面的宽度来具体选择，如果墙面比较窄，可以选择个性极强的一种材料，例如印花黑镜、夸张图案的壁纸等，即使搭配布艺家具，也极具个性；若墙面的尺寸比较宽，选材范围可扩大到三种左右，进行组合设计，其中适量带有金属材料更能体现风格特征，例如各种颜色的不锈钢条。除了以上几种材料外，如果追求经济性，则可以使用涂料或者乳胶漆，中间搭配色彩强烈的抽象画，简约的同时还可突出风格特征。

金色不锈钢条（25～35元/米）　　棕黄色饰面板（60～180元/平方米）

灰色暗纹壁纸（50～170元/平方米）　　金色不锈钢条（25～35元/米）

竖线条硬包造型（180～290元/平方米）　　金色不锈钢条（25～35元/米）　　重彩花朵图案壁纸画（90～260元/平方米）

黑色金属装饰（60～190元/平方米）　　米灰色暗纹壁纸（50～170元/平方米）

黑镜（280 ~ 330 元 / 平方米）

浓烈色彩街景壁纸画（60 ~ 230 元 / 平方米）

米黄色木纹饰面板（80 ~ 210 元 / 平方米）

钨钢条（25 ~ 40 元 / 米）　　　彩色乳胶漆（20 ~ 35 元 / 平方米）

暗棕色亮面饰面板（85 ~ 220 元 / 平方米）

钨钢条（25 ~ 40 元 / 米）

横线条硬包造型（200 ~ 280 元 / 平方米）

大花羊毛地毯（210 ~ 380 元 / 平方米）

白色亮面饰面板（60 ~ 120 元 / 平方米）

彩色乳胶漆（20 ~ 35 元 / 平方米）

TIPS：时尚风客厅的配色设计

现代时尚风格的客厅造型线条明确，用色大胆、前卫、个性。装饰的色彩经常以棕色系列，包括浅茶色、棕色、象牙色等，以及无色系色彩中的白色、灰色、黑色等为基调。其中，顶面最常使用白色，墙面则可根据空间的面积来选择色彩。在所有具有代表性的色彩中，白色最能表现现代风格的简洁感，黑色、银色、灰色则能展现现代风格的明快与冷调。

除此之外，现代时尚风格色彩设计的另一项显著特征就是会使用大胆鲜明、强烈对比的配色设计，来创造特立独行的个人风格，如高纯度色彩组合，但不建议用在墙面上，可用软装呈现。

灰色建筑图案壁纸画（80～260元/平方米）

彩色乳胶漆（20～35元/平方米）

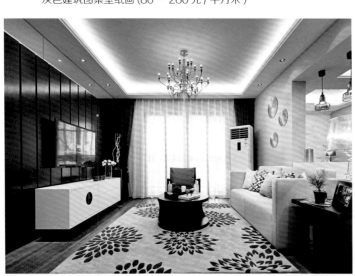

暗棕色木纹饰面板（70～180元/平方米）

米灰色大理石（160～560元/平方米）

手绘图案（190～450元/平方米） 白色乳胶漆（18～25元/平方米） 无色系建筑图案壁纸画（90～310元/平方米）

黑白色街景壁纸画（80～220元/平方米） 无色系几何纹理地毯（75～260元/平方米）

金色不锈钢条（25～35元/米）

无色系不规则几何纹理壁纸（130～310元/平方米）

不等宽竖线条硬包造型（220～310元/平方米）　　黑镜（280～330元/平方米）

马赛克拼花造型（160～430元/平方米）

彩色乳胶漆
（20 ~ 35 元 / 平方米）

木工板造型白色混油饰面
（110 ~ 260 元 / 平方米）

白色玻化砖
（60 ~ 230 元 / 平方米）

白色大理石（110 ~ 340 元 / 平方米）

灰色大理石（110 ~ 340 元 / 平方米）

金色不锈钢条（25～35元/米）　　米色暗纹壁纸（50～170元/平方米）

TIPS：时尚风客厅平面式背景墙的设计

　　时尚风格的客厅平面式背景墙，可以将涂料、壁纸、玻璃、石材或金属等材料单独使用或组合使用来设计。

　　如果仅计划单独地使用石材或壁纸来装饰背景墙，建议选择风格代表性色彩的种类，同时纹理可以夸张一些，例如抽象纹理的壁纸或者纹理极具特点的大块石材等，搭配金属灯具或家具，极具个性和品位。如果选择将不同材料进行组合，建议以一种材料为主，这种材料可以具有显著的风格特征，无论是色彩方面还是纹理方面具有特点均可，另一种材料则可以低调一些，这样可以使层次更分明，避免产生混乱感。

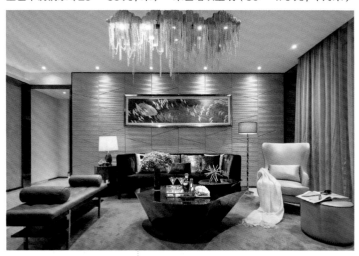

梯形错缝硬包造型（260～380元/平方米）

金色不锈钢条（25～35元/米）

黑镜（280～330元/平方米）　　彩色乳胶漆（20～35元/平方米）

暗棕色壁纸（60～180元/平方米）

橘色大理石（200～560元／平方米）

彩色乳胶漆（20～35元／平方米）

金色不锈钢条（25～35元／米）

粉色乳胶漆（20～35元／平方米）　　　　浅灰色乳胶漆（20～35元／平方米）

灰色大理石（80 ~ 240 元 / 平方米）　　　　不等宽竖线条硬包造型（220 ~ 310 元 / 平方米）　　　　黑白条纹壁纸（50 ~ 160 元 / 平方米）

竖线条硬包造型（200 ~ 280 元 / 平方米）　　　　金色不锈钢条（25 ~ 35 元 / 米）　　　　横线条硬包造型（200 ~ 280 元 / 平方米）

重彩波普图案壁纸
（190 ~ 420 元 / 平方米）

灰色强化地板
（85 ~ 280 元 / 平方米）

竖线条硬包造型（200 ~ 280 元 / 平方米）　　　彩色乳胶漆（20 ~ 35 元 / 平方米）　　金色不锈钢条（25 ~ 35 元 / 米）

TIPS：时尚风客厅凹凸式背景墙的设计

时尚风客厅中立体凹凸式背景墙的设计方式是比较丰富的，可以结合居室面积和居住者的喜好来进行设计。如果喜欢利落的感觉，可以使用大块面的造型组合，用色彩和立面的凹凸穿插来制造节奏感。这种做法效果比较简约，如极具个性的黑底白花石材，中间做出比较宽的凹陷缝隙，简洁而又时尚。如果喜欢奢华一些的感觉，则可以用硬包和不锈钢条结合，再适当搭配玻璃、木纹饰面板等材料中的一种，整体造型的线条感可以丰富一点，但不建议使用曲线，宜以平直的线条为主。

金色不锈钢条（25 ~ 35 元 / 米）　竖线条软包造型（195 ~ 310 元 / 平方米）

印花黑镜（300 ~ 360 元 / 平方米）

黑镜（280 ~ 330 元 / 平方米）　灰色木纹饰面板（95 ~ 165 元 / 平方米）

竖线条硬包造型（200 ~ 280 元 / 平方米）　黑镜（280 ~ 330 元 / 平方米）

定制金属造型（290 ~ 540 元 / 平方米）

黑色大理石（110 ~ 350 元 / 平方米）

黑色饰面板（60 ~ 180 元 / 平方米）　　　　白色亮面饰面板（60 ~ 120 元 / 平方米）

白色大理石（110 ~ 340 元 / 平方米）　　金色不锈钢条（25 ~ 35 元 / 米）　　　　棕色大理石（210 ~ 490 元 / 平方米）

米黄色木纹饰面板（80 ~ 210 元 / 平方米）　　灰色暗纹壁纸（50 ~ 170 元 / 平方米）　　　棕色木纹饰面板（95 ~ 165 元 / 平方米）

白色大理石
（110～340元/平方米）

黑色木纹饰面板
（80～210元/平方米）

黑色长毛地毯
（190～450元/平方米）

白色亮面饰面板（60～120元/平方米）

不规则线条硬包造型（260～420元/平方米）

第三章
北欧风格

北欧风格即为北欧区域国家的设计风格

具有简洁、自然、人性化的特点

在家居中很少会使用人为的图纹和雕花设计

以线条和色彩的配合营造氛围

表现出对自然的一种极致追求

以实用为设计原则，体现人文关怀

特别适合中小户型

若喜欢极简元素

且房屋户型面积不大同时追求经济性

北欧风格是不错的选择

TIPS：北欧风客厅背景墙适用材料

北欧国家的许多房子都是由砖墙打造而成的，所以在室内保留砖墙，而后简单地在面层涂刷涂料，创造出怀旧与历史氛围是北欧风格极具特点的一种做法。搭配一部分原木色的家具或木质地板，就可以塑造出极具自然感的氛围。

在一些不方便使用砖墙做装饰的北欧客厅中最常用的墙面材料是涂料，其中彩色乳胶漆的使用频率是比较高的。如果喜欢彩色的欢快感觉，可以选择这种方式装饰墙面。

除了这些以外，北欧客厅常用的墙面材料还有石材和木材，但都无一例外地保留着材质的原始质感。

砖墙涂刷白色涂料（120 ~ 150 元 / 平方米）

砖墙涂刷白色涂料（120 ~ 150 元 / 平方米）

灰色水泥墙（35 ~ 85 元 / 平方米）

深棕色实木板条（260 ~ 480 元 / 平方米）

砖墙涂刷白色涂料（120～150元/平方米）

白色混油（50～90元/平方米）

白色乳胶漆（18～25元/平方米）　　　　　色块图形壁纸（50～160元/平方米）

砖墙涂刷白色涂料（120～150元/平方米）

彩色乳胶漆（20～35元/平方米）

彩色乳胶漆（20～35元/平方米）

彩色乳胶漆（20～35元/平方米）

砖墙涂刷浅蓝色涂料（120～150元/平方米）

浅灰色强化地板（80～260元/平方米）

白色乳胶漆（18～25元/平方米）

彩色乳胶漆（20～35元/平方米）

TIPS：北欧风客厅的配色设计

　　北欧家居的色彩设计非常朴素，常以白色为主，黑色和灰色是最常作为辅助使用的色彩。除此之外，棕色、灰色、浅蓝色、米色、绿色和浅木色等也比较常见。但无论使用的是何种色彩，组合起来总应能令人感到舒服。其中独有特色的就是黑、白色的使用，有时甚至会完全以两色为主，塑造干净明朗的感觉。

　　除此之外，最常见的配色方式是以白色为主调，用在顶面和大部分墙面上，使用其他代表色彩或者鲜艳的纯色作为点缀，同时用柔和的木色进行过渡，所以即使使用一些纯度较高的色彩做点缀，也不会让人觉得刺激。

彩色乳胶漆（20～35元／平方米）

彩色乳胶漆（20～35元／平方米）

彩色乳胶漆（20～35元／平方米）

米黄色木纹饰面板（80～210元／平方米）彩色乳胶漆（20～35元／平方米）

红砖墙（90 ~ 180 元 / 平方米）

白色乳胶漆（18 ~ 25 元 / 平方米）

白色乳胶漆（18 ~ 25 元 / 平方米）

彩色乳胶漆（20 ~ 35 元 / 平方米）

板条刷白漆（120～280元/平方米）

白色乳胶漆（18～25元/平方米）

白色乳胶漆（18～25元/平方米）

彩色乳胶漆（20～35元/平方米）

白色乳胶漆（18～25元/平方米）

白色乳胶漆（18～25元/平方米）

实木复合地板（75～320元/平方米）

白色乳胶漆（18～25元/平方米）

彩色乳胶漆（20～35元/平方米）

白色大理石（110～340元/平方米）

实木复合地板（75～320元/平方米）

砖墙涂刷白色涂料（120～150元/平方米）

TIPS：北欧风客厅平面式背景墙的设计

砖墙是北欧风格极具特点的墙面材料。当选择以平面造型装饰客厅墙面时，如果基层为砖混结构，就可以保留一面背景墙的砖底，电视墙或沙发墙均可，而后涂刷涂料做装饰，即可具有浓郁的北欧韵味。如果结构不是砖混，改造砖墙比较麻烦，又喜欢砖墙的效果，就可以用3D砖纹墙贴来代替。乳胶漆是最为方便和经济的北欧客厅墙面材料，背景墙部分可以使用彩色的款式丰富整体居室的层次感，但后期家具搭配时要多花一些心思才能更具个性。除此之外，暗纹壁纸、仿木纹壁纸和类水泥质感的艺术涂料等，也均可装饰北欧客厅的背景墙。

白色乳胶漆（18～25元/平方米）　　彩色乳胶漆（20～35元/平方米）

砖墙涂刷白色涂料（120～150元/平方米）

灰色砖墙勾白缝（150～310元/平方米）

彩色乳胶漆（20 ~ 35 元 / 平方米）

彩色乳胶漆（20 ~ 35 元 / 平方米）

黑白色几何图案地毯（60 ~ 230 元 / 平方米）　　　白色乳胶漆（18 ~ 25 元 / 平方米）　　　彩色乳胶漆（20 ~ 35 元 / 平方米）

砖墙涂刷白色涂料（120～150元/平方米）

砖墙涂刷白色涂料（120～150元/平方米）

砖墙涂刷白色涂料（120～150元/平方米）

彩色暗纹壁纸（60～210元/平方米）

白色乳胶漆（18 ~ 25 元 / 平方米）

白色乳胶漆（18 ~ 25 元 / 平方米）

几何图案地毯（125 ~ 480 元 / 平方米）

艺术涂料（60 ~ 110 元 / 平方米）

仿彩色实木板条图案壁纸（90 ~ 230 元 / 平方米）

TIPS：北欧风客厅凹凸式背景墙的设计

　　北欧风格的一个显著特点就是极简，因此，即使是凹凸式的背景墙，也不宜设计得过于复杂，大块面的小凹凸即可，例如背景墙的中间部分用石膏板做出 10 厘米厚度左右的块面式的凸出造型、墙面的一侧用木工板或柜子做出凸出造型或者在墙面的下半部分或中间部分做一块突出造型等。电视墙和沙发墙家具布置不同，可根据情况具体选择造型方式。

　　同时，与极简造型相对的，凹凸式背景墙的墙面色彩组合也不宜过于复杂，整体控制在两种以内最佳，例如白色或彩色乳胶漆组合木纹饰面板、木纹饰面板组合某种彩色饰面板等。

黑色字母壁贴（30 ～ 90 元 / 平方米）

木工板 + 木线造型白色混油饰面（110 ～ 260 元 / 平方米）

米黄色木纹饰面板（80 ～ 210 元 / 平方米）

灰色灰泥涂料（60 ～ 195 元 / 平方米）

棕色木纹饰面板（95 ~ 165 元 / 平方米）

棕色实木板（160 ~ 380 元 / 平方米）

木工板造型白色混油饰面（110 ~ 260 元 / 平方米）

木工板造型白色混油饰面（110 ~ 260 元 / 平方米）

第四章
新中式风格

新中式风格是将古典建筑元素经过提炼后

与现代人生活方式和审美相融合的一种装饰风格

体现出一种传承

是完全用现代手法来诠释中式风格

与传统中式的厚重相比

新中式风格更活泼、更时尚且多样化

无论是选材还是用色都更大胆

结构不再讲求对称

家具也不再局限于红木材料

而更多地使用混搭

无论是中小户型还是大户型均适用

淡棕色木纹饰面板（90～150元／平方米）

TIPS：新中式客厅背景墙适用材料

新中式风格的客厅背景墙仍是装饰设计的重点，在电视墙和沙发墙之间，可选择一个作为重点来进行装饰，另一个可放松一些对待，避免产生拥挤感。墙面装饰除了适用木材、石材等材料外，还可以选择玻璃、金属、壁纸等现代材料，使现代室内空间既具有浓重的东方气质又具有现代感的灵动。若客厅面积比较小，墙面还可以完全使用涂料或乳胶漆做装饰，搭配窗格、水墨画等传统装饰进行后期装饰，也非常具有中式神韵。

国画元素壁纸画（135～325元／平方米）

定制立体图案石膏板（140～280元／平方米）

钨钢条（25～40元／米）白色乳胶漆（18～25元／平方米）

定制中式符号木质造型（280～520元／平方米）

暗棕色木纹饰面板（70～180元/平方米）

灰色大理石（80～240元/平方米）　白色大理石（110～340元/平方米）

米色暗纹壁纸（50～170元/平方米）

国画元素壁纸画（135～325元/平方米）

白色大理石（110 ~ 340 元 / 平方米）

彩色乳胶漆（20 ~ 35 元 / 平方米）

彩色乳胶漆（20 ~ 35 元 / 平方米）　　　　印花玻璃（190 ~ 260 元 / 平方米）　　　　金色不锈钢条（25 ~ 35 元 / 米）

彩色乳胶漆（20～35元/平方米）

超白镜叠加中式符号木质造型
（300～650元/平方米）

棕色混纺地毯
（90～280元/平方米）

国画元素壁纸画（135～325元/平方米）

重彩水墨壁纸画（90～210元/平方米）

TIPS：新中式客厅的配色设计

　　新中式风格客厅的色彩搭配主要有两种常见形式，一种源自苏州园林和京城民宅的以黑、白、灰色为基调的方式，此种方式经常搭配米色或棕色系做点缀，整体效果比较朴素；另一种是在黑、白、灰基础上配以皇家住宅的红、黄、蓝、绿等作为点缀色彩，此种方式对比强烈，效果华美、尊贵。

　　总的来说，新中式客厅在进行色彩设计时需要对空间的整体色彩进行全面的考虑，如果追求朴素感就不要混搭彩色；当选择彩色来装饰时，也要协调好色彩数量，如果对色彩设计不精通，不建议用超过三种的彩色来装饰，组合不当容易显得混乱。

竖线条软包造型（195～310元/平方米）

米黄色木纹饰面板（80～210元/平方米）

木工板造型棕色木纹饰面板饰面（160～300元/平方米）

竖线条硬包造型（200～280元/平方米）

青灰色壁纸（50～170元/平方米）

棕色大理石（350～550元/平方米）

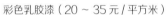

彩色乳胶漆（20～35元/平方米）

重彩水墨壁纸画（90～210元/平方米）　　　米灰色暗纹壁纸（50～170元/平方米）

彩色乳胶漆（20～35元/平方米）

淡灰色壁纸（50～130元/平方米）

超白镜叠加中式符号木质造型（300～650元/平方米）

棕色木纹饰面板（95～165元/平方米）

竖线条硬包造型（180～290元/平方米）

米色暗纹壁纸（50～170元/平方米）

国画元素壁纸画（135～325元/平方米）

棕色木纹饰面板（95～165元/平方米）

金色不锈钢条（25～35元/米）

竖线条软包造型（195～310元/平方米）

灰色大理石（130～360元/平方米）

TIPS：新中式客厅平面式背景墙的设计

　　新中式风格的平面式背景墙适合尺寸不是很宽的电视墙以及各类沙发墙。虽然是平面式结构，做法却还是很丰富的，其中最简单的一种是涂刷灰色或白色的涂料，可以平涂，也可以用石膏板做平面造型再做饰面；也可以选择一幅中式特点的壁纸画，上层搭配实木条或者不锈钢条装饰，或者一侧使用实木条密排，另一侧使用壁纸画等均可。除此之外，印花玻璃、彩色玻璃、木纹饰面板或硬包等材料也可单独或组合使用构成平面结构。组合设计时，所有材料宜有主有次，玻璃和金属材料作点缀最佳，大面积使用容易失去中式韵味。

竖线条软包造型（195 ~ 310 元 / 平方米）

白色大理石（110 ~ 340 元 / 平方米）　　金色不锈钢条（25 ~ 35 元 / 米）

国画元素壁纸画（135 ~ 325 元 / 平方米）　　　　竖线条硬包造型（200 ~ 280 元 / 平方米）

印花灰镜（300～360元/平方米）　　棕红色木纹饰面板（95～165元/平方米）　　金色不锈钢条（25～35元/米）

灰色大理石（80～240元/平方米）　　灰镜（280～330元/平方米）　　白色大理石（110～340元/平方米）

米灰色壁纸（50～135元/平方米）

图案玻璃（280～460元/平方米）

竖线条硬包造型（200～280元/平方米）

棕色木纹饰面板（95～165元/平方米）

米色暗纹壁纸（50～170元/平方米）

实木板条拼贴（260～550元/平方米）

梅花图案金属壁纸画（180～460元/平方米）

彩色乳胶漆（20～35元/平方米）

TIPS：新中式客厅凹凸式背景墙的设计

凹凸立体式的新中式客厅背景墙，在设计时，可以较多地使用木材或壁纸。木材包括木线条、木纹饰面板或实木材料。造型设计上无需过于复杂，从材料本身的纹理上寻求变化会更符合风格的意境，例如木纹的变化或壁纸的图案等。如果想要变化多一些，可以在立体结构后方设计一些暗藏灯带，白色偏暖的光线或淡黄色光线最佳，在夜晚可以通过光影变化来增加层次感。如果喜欢时尚一些的感觉，可以以石材为主，放在中心部位使其凸出或内凹，两侧叠加简化造型的木质窗格，底层还可以粘贴玻璃材料，实现古典与现代的融合，展现新中式风格的多元化气质。

超白镜（220 ~ 330 元 / 平方米）　　实木线条（50 ~ 165 元 / 米）

米色大理石（110 ~ 340 元 / 平方米）

白色大理石（110 ~ 340 元 / 平方米）

白色大理石（110 ~ 340 元 / 平方米）　　灰镜（280 ~ 330 元 / 平方米）

米灰色壁纸（60～145元/平方米）

钨钢条（25～40元/米）

无色系混纺地毯（90～280元/平方米）

定制实木造型（220～350元/平方米）

浅棕色暗纹壁纸（60～160元/平方米）

米黄色木纹饰面板（80～210元/平方米）　　　淡彩水墨壁纸画（90～210元/平方米）　　　彩色乳胶漆（20～35元/平方米）

暗棕色木纹饰面板（70～180元/平方米）　　　红色壁纸（65～150元/平方米）　　　暗棕色木纹饰面板（70～180元/平方米）

国画元素壁纸画（135～325元/平方米）　淡灰绿色暗纹壁纸（70～160元/平方米）　　　　淡彩水墨壁纸画（90～210元/平方米）

实木窗格（260～480元/平方米）　　　　白色乳胶漆（18～25元/平方米）　　　米黄色木纹饰面板（80～210元/平方米）

TIPS：新中式客厅壁纸纹理的选择

中式传统图案的代表性元素是梅兰竹菊、花鸟、瑞兽、万字纹以及山水图案等，但在新中式风格的客厅中，并不是所有的图案使用频率都比较高，更多的会使用一些与现代家具组合也不会过于突兀的类型，例如花鸟以及写意山水类的纹理。此类纹理可以设计成壁纸画，即使只是简单地粘贴在墙面上或搭配一个木质或石膏边框，就能渲染出浓郁的中式韵味。

除了这些款式外，素色的、麻纹以及暗纹的款式也适用于新中式客厅墙面中。这些款式可以大面积地粘贴，如果电视墙的设计比较复杂，沙发墙则可完全粘贴此类壁纸做装饰，与电视墙互相衬托。

实木线条（50 ~ 165 元 / 米）　　花鸟图案壁纸画（95 ~ 220 元 / 平方米）

国画元素壁纸画（135 ~ 325 元 / 平方米）

淡彩玉兰花图案壁纸画（75 ~ 185 元 / 平方米）

淡彩水墨壁纸画（90 ~ 210 元 / 平方米）

花鸟图案壁纸画（95 ~ 220 元 / 平方米）　　　　　花鸟图案壁纸画（95 ~ 220 元 / 平方米）

金色不锈钢条（25 ~ 35 元 / 米）　　　　淡彩水墨壁纸画（90 ~ 210 元 / 平方米）　　　　暗棕色木纹饰面板（70 ~ 180 元 / 平方米）

花鸟图案壁纸（90～180元/平方米）

淡彩水墨壁纸画（90～210元/平方米）

竖线条硬包造型（180～290元/平方米）

花朵图案壁纸（85～260元/平方米）   实木线条（50～165元/米）

灰镜（280～330元/平方米）　　　　淡彩水墨壁纸画（90～210元/平方米）

花鸟图案壁纸画（95～220元/平方米）　　金色不锈钢条（25～35元/米）　　　　淡彩水墨壁纸画（90～210元/平方米）

第五章
现代美式风格

现代美式风格传承于美式乡村风格

延续了追求自由的内涵

同时将一些繁复、厚重的元素进行简化

并加入现代造型元素

而后得到的一种装饰风格

它更加年轻化

家具的选择也更具包容性

不仅带有一些美式的自然韵味

且兼具了一些时尚感

不再局限于宽敞、高大的户型

即使是中小户型也同样适用

彩色乳胶漆（20～35元/平方米）

TIPS：现代美式客厅背景墙适用材料

美国是一个移民聚集的国家，大部分移民都来自于欧洲各个国家。同时，美式风格还是殖民地风格的代表，所以在美式风格中可以见到很多欧式风格的元素。这些元素延续到了现代美式风格中，护墙板、欧式线条造型等在美式家居中非常常见，但过于繁复的设计显然不适合现代居住环境，所以更加简洁，如彩色的护墙板、由石膏线或木线组成的简化欧式造型很适合现代美式客厅背景墙使用。

乳胶漆、涂料和壁纸也是非常适合的材料，如果想要更加复古一些，还可以使用红砖和文化石等装饰背景墙。但玻璃、金属等非常时尚的材料在现代美式客厅中使用的频率较低。

彩色乳胶漆（20～35元/平方米）

彩色乳胶漆（20～35元/平方米）　　彩色乳胶漆（20～35元/平方米）

彩色乳胶漆（20～35元/平方米）

彩色乳胶漆（20 ~ 35 元 / 平方米）

木工板造型白色混油饰面（110 ~ 260 元 / 平方米）

浅灰色护墙板（220 ~ 350 元 / 平方米）　　　　　　　　　　　　　彩色乳胶漆（20 ~ 35 元 / 平方米）

白色护墙板（200～330元/平方米）

白色嵌不锈钢条护墙板（210～450元/平方米）

白色乳胶漆（18～25元/平方米）　花朵图案壁纸（60～190元/平方米）

贝壳马赛克（200～550元/平方米）

重彩油画壁纸画（120 ～ 380 元 / 平方米）

米色暗纹壁纸（50 ～ 170 元 / 平方米）

白色护墙板（200 ～ 330 元 / 平方米）

白色护墙板（200 ～ 330 元 / 平方米）　　彩色乳胶漆（20 ～ 35 元 / 平方米）

白色护墙板（200～330元/平方米）　　　彩色乳胶漆（20～35元/平方米）　　　　白色护墙板（200～330元/平方米）

木工板造型白色混油饰面（110～260元/平方米）

灰色大理石（80～240元/平方米）

蓝灰色护墙板（220 ~ 350 元 / 平方米）

彩色乳胶漆（20 ~ 35 元 / 平方米）

彩色乳胶漆（20 ~ 35 元 / 平方米）　　　　浅灰色护墙板（220 ~ 350 元 / 平方米）　　　　实木地板（290 ~ 650 元 / 平方米）

TIPS：现代美式客厅的配色设计

现代美式客厅的色彩常用的有白色、米色、浅灰色、黑色、大地色系中的米灰色和褐色以及蓝色等，色彩的组合方式比美式乡村风格更加多样化，甚至会使用一些对比色和多彩色做点缀。其中，蓝色的运用较多，蓝色组合白色、米色以及黄色和红色等，塑造具有清新感的居室，带有一点海洋气息；大地色的运用是传统风格的延续，但材料上有一些变化，特别是沙发，除了棉麻布料和木质外，皮质也是常见的；与简约的配色相对应的，墙面的造型也更简练，完全没有造型或非常简单的造型；壁炉仍然是经常使用的元素，但材质与传统风格相比有所变化。

彩色乳胶漆（20～35元/平方米）

白色大理石（110～340元/平方米）

淡黄色乳胶漆（20～35元/平方米）

绿色乳胶漆（20～35元/平方米）

淡灰色乳胶漆（20 ～ 35 元 / 平方米）

浅蓝色乳胶漆（20 ～ 35 元 / 平方米）

米灰色乳胶漆（20 ～ 35 元 / 平方米）

浅米灰色乳胶漆（20 ～ 35 元 / 平方米）

石膏线（25～55元/米）　　浅蓝灰色乳胶漆（20～35元/平方米）　　　　　　　　　　　淡蓝色乳胶漆（20～35元/平方米）

白色乳胶漆（18～25元/平方米）　　　　米色乳胶漆（20～35元/平方米）　　　仿古地砖（150～400元/平方米）

仿古地砖（150～400元/平方米）　　白色护墙板（200～330元/平方米）　　浅蓝灰色乳胶漆（20～35元/平方米）

青色乳胶漆（20～35元/平方米）

灰粉色乳胶漆（20～35元/平方米）

彩色乳胶漆（20～35元/平方米）　石膏线（25～55元/米）

TIPS：现代美式客厅平面式背景墙的设计

选择用现代美式风格装饰客厅并采用平面式的背景墙造型时，在进行背景墙的造型设计前，可先确定现代美式风格客厅的具体氛围，总的来说，有偏向乡村和偏向简约两种类型。

如果喜欢自然、乡村一些，就可以使用文化石、砖等材料来装饰背景墙，文化石可选择仿砖石或层岩的款式，砖的表面可以涂刷涂料也可以裸露本色；如果喜欢偏欧式一些且比较具有简洁、现代的感觉，则可以使用乳胶漆搭配石膏线涂刷相同颜色、壁纸搭配石膏线、壁纸搭配护墙板或全部使用护墙板，都是施工方式比较简单，同时还具有美式韵味的做法。

仿砖纹文化石（120～300元/平方米）

砖墙涂刷白色涂料（120～150元/平方米）

彩色乳胶漆（20～35元/平方米）　彩色乳胶漆（20～35元/平方米）

实木线条（50～165元/米）

仿砖纹文化石（120～300元/平方米）　彩色乳胶漆（20～35元/平方米）　　　石膏线（25～55元/米）　　蓝色暗纹壁纸（50～170元/平方米）

浅灰色护墙板（220～350元/平方米）　　　　　　　　　浅灰色护墙板（220～350元/平方米）

石膏线（25~55元/米）

彩色乳胶漆（20~35元/平方米）　　　　　　　石膏线（25~55元/米）

石膏线（25~55元/米）　　　　　彩色乳胶漆（20~35元/平方米）　　　　　彩色乳胶漆（20~35元/平方米）

彩色涂料（15～30元/平方米）

板条刷漆（65～230元/平方米）

转角文化石（190～300元/平方米）

石膏线（25～55元/米）

白色护墙板（200～330元/平方米）　　彩色乳胶漆（20～35元/平方米）

TIPS：现代美式客厅凹凸式背景墙的设计

适合现代美式客厅的凹凸式背景墙，设计方式通常有三种：一种是利用比较简洁的壁炉，做出带有凹凸层次的造型，通常是壁炉凸出卫浴墙面的中间部分，两侧搭配乳胶漆、护墙板等其他材料，常用于电视墙部分；第二种是用柜子做出凹凸层次，柜子的部分可以外凸，也可以内凹，这种做法同样常设计在电视墙部分，将电视机包裹在内，美观而又具有收纳作用；第三种是用木工板、石膏板或水泥做出带有拱形的造型，无论是电视墙还是沙发墙均适用，可以是一个大的拱形，也可以是中间一个大的拱形两侧搭配两个对称式的小拱形，内凹部分与外凸部分使用不同色彩或材料更有层次。

木工板造型米白色混油饰面（190～350元/平方米）

定制壁炉造型（360～1300元/平方米）

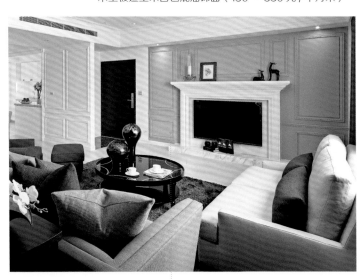

灰色护墙板（220～350元/平方米）

彩色乳胶漆（20～35元/平方米）

彩色乳胶漆（20 ~ 35 元 / 平方米）　　　仿砖纹文化石（120 ~ 300 元 / 平方米）　　　　　　　艺术涂料（60 ~ 110 元 / 平方米）

定制壁炉造型（360 ~ 1300 元 / 平方米）　　　　　　　　　　彩色乳胶漆（20 ~ 35 元 / 平方米）

彩色乳胶漆（20～35元/平方米）　　　　　木工板造型白色混油饰面（110～260元/平方米）

砖墙涂刷白色涂料（120～150元/平方米）

仿古地砖（150～400元/平方米）　　彩色乳胶漆（20～35元/平方米）

文化石（300～450元/平方米）　　文化石（300～450元/平方米）　　彩色乳胶漆（20～35元/平方米）

彩色乳胶漆（20～35元/平方米）　　　　　　　　　　　彩色乳胶漆（20～35元/平方米）

第六章
简欧风格

欧式古典风格非常华丽、复杂

仅适用于宽敞且宽大的空间

用在中小户型中会显得压抑、憋闷

一些喜欢欧式风格的小户型人群无法使用

所以简欧风格应运而生

简欧风格传承了欧式古典风格的经典元素

同时融入了现代风格的设计方式

在彰显欧洲传统的历史痕迹文化底蕴的同时

进行了线条的简化

追求简洁、大方的美感

能够塑造出典雅又不失华美感的家居氛围

定制石膏造型板（90～160元/平方米）

TIPS：简欧风客厅背景墙适用材料

简欧风格并不要求有具象的欧式元素出现，只要在居室的装修中出现一些带有欧式元素的符号即可，是包容性很强的一种设计风格。主要的风格特征更多的是依靠后期软装来呈现的，所以客厅背景墙的材料选择范围也很广泛。

具体设计时，可以根据居住者的喜好来选择材料。简化造型的护墙板适合喜欢欧式符号的人群，护墙板可搭配乳胶漆、壁纸、不锈钢条等组合使用，也可单独使用；喜欢华丽一些，则可以选择石材、玻璃等材料装饰背景墙；喜欢节约一些，则可以仅使用乳胶漆或壁纸覆盖于原有墙面之上。

淡蓝色条纹壁纸（60～165元/平方米）

石膏线（25～55元/米）　　　　白色乳胶漆（18～25元/平方米）

石膏板造型留缝处理白色乳胶漆饰面（60～160元/平方米）

超白镜（220～330元/平方米）　棕色暗纹壁纸（50～170元/平方米）

浅灰色护墙板（220 ~ 350 元 / 平方米）

淡蓝色暗纹壁纸（50 ~ 170 元 / 平方米）

金色木线条（50 ~ 165 元 / 米）　　　　　彩色乳胶漆（20 ~ 35 元 / 平方米）

白色大理石（110 ~ 340 元 / 平方米）　　　定制壁炉造型（360 ~ 1300 元 / 平方米）　　　白色护墙板（200 ~ 330 元 / 平方米）

彩色乳胶漆（20 ~ 35 元 / 平方米）　　　　　　　定制壁炉造型（500 ~ 1800 元 / 平方米）

实木线条（50～165元/米）　　　定制彩漆屏风（5000元/个起）　　　彩色乳胶漆（20～35元/平方米）

金色不锈钢条（25～35元/米）　　　彩色乳胶漆（20～35元/平方米）　　　灰色麻点图案壁纸（65～160元/平方米）

TIPS：简欧风客厅的配色设计

简欧风格客厅的色彩设计具有高雅而和谐的特点，具有开放、宽容的非凡气度。白色、金色、黄色、暗红是客厅中比较常见的主色。常见的配色有三种方式：一是将黑、白、灰三色组合或其中两色组合作为主色，朴素大气又不失时尚感，还可少量搭配一点彩色做点缀；二是以白色加米黄色为配色的基调，加入蓝、绿、紫中的一种或两种，能够形成一种别有情调的新古典氛围，具有清新自然的美感；三是以棕色系为主，包括棕色、茶色、象牙色等，再辅以土生植物的深红、靛蓝，加上黄铜，便具有一种大地般的浩瀚感觉，使人感觉亲切、稳重。

淡蓝色乳胶漆（20～35元/平方米）　　实木线条（50～165元/米）

定制壁炉造型（360～1300元/平方米）

黑白色大花图案壁纸（90～220元/平方米）

深棕红色乳胶漆（20～35元/平方米）

白色护墙板（200～330元/平方米）

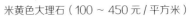

米黄色大理石（100～450元/平方米）

灰色木纹饰面板嵌不锈钢条（190～350元/平方米）

不等宽竖条软包造型（400～800元/平方米）

竖线条硬包造型（180～290元/平方米）

石膏线（25～55元/米）　　　　金色不锈钢条（25～35元/米）

深灰色乳胶漆（20～35元/平方米）

白底碎花图案壁纸（60～160元/平方米）

超白镜（220 ~ 330 元 / 平方米）　　　米色乳胶漆（20 ~ 35 元 / 平方米）　　　灰色饰面板（60 ~ 180 元 / 平方米）

灰色嵌不锈钢条护墙板（210 ~ 450 元 / 平方米）

不规则硬包造型（290 ~ 380 元 / 平方米）

TIPS：**简欧风客厅平面式背景墙的设计**

简欧风格客厅的平面式背景墙，比较其他现代类的风格来说，是比较丰富的，这样才能够彰显出欧式风格中低调华美的一面。当然，如果客厅面积很小，也可以使用乳胶漆做装饰，为了避免显得过于简单，可搭配一些石膏线条或半高的墙裙做组合。

其他做法中，简单一些的可以使用比较单一的材料做装饰，如全部使用护墙板或硬包；复杂一些的常用做法有硬包和玻璃组合、硬包和护墙板组合、护墙板和壁纸组合、石材和玻璃组合等。在所有平面式的造型设计中，对称地使用方框线和长方框线是非常具有简欧风格代表性的一种做法。

木工板造型白色混油饰面（110 ~ 260 元 / 平方米）

竖线条硬包造型（200 ~ 280 元 / 平方米）

灰色暗纹壁纸（50 ~ 170 元 / 平方米） 金色不锈钢条（25 ~ 35 元 / 米）

竖线条硬包造型（350 ~ 460 元 / 平方米）

竖线条硬包造型（200～280元／平方米）

茶镜（280～330元／平方米）

白色大理石（110～340元／平方米）

彩色乳胶漆（20～35元／平方米）　　　　竖线条硬包造型（200～280元／平方米）　　　　实木线条（50～165元／米）

横竖线条交错硬包造型（230～350元/平方米）

木工板造型白色混油饰面（110～260元/平方米）

佩里斯纹图案壁纸（90～270元/平方米）

超白镜车边拼花（280～420元/平方米）

彩色乳胶漆（20～35元/平方米）

实木线条金漆描边（80～195元/米）

格纹羊毛地毯（125～580元/平方米）

竖线条硬包造型（200～280元/平方米）

竖线条硬包造型（200～280元/平方米）

TIPS：简欧风客厅凹凸式背景墙的设计

在简欧风格的设计中，客厅即使使用的是凹凸式的背景墙，做法也不会太过复杂，通常是利用简化造型的少雕花的壁炉来制造起伏的节奏。壁炉可以单独地安装在背景墙的中心部位，两侧搭配对称式的装饰画，上方可悬挂电视也可用装饰镜做装饰；还可以以壁炉为中心，上方做一些简单的造型，同时两侧也搭配设计比较简洁的对称式造型，整体感觉仍然是非常简洁的。想要效果时尚一些，则可以在材料的选择和后期软装的搭配上多花些心思，如使用自带时尚感纹理的石材做壁炉的背景。而不使用壁炉时，则可以利用板材做凹凸造型，通常是中间部位内凹，两侧外凸，可搭配灯槽。

定制壁炉造型（360 ~ 1300 元 / 平方米）

米色大理石（110 ~ 340 元 / 平方米）

定制壁炉造型（360 ~ 1300 元 / 平方米）

定制壁炉造型（360 ~ 1300 元 / 平方米）

灰色大理石（80 ~ 240 元 / 平方米）　　　灰色暗纹壁纸（50 ~ 170 元 / 平方米）　　　定制壁炉造型（360 ~ 1300 元 / 平方米）

金色不锈钢条（25 ~ 35 元 / 米）　　　灰色大理石（80 ~ 240 元 / 平方米）　　　金色不锈钢条（25 ~ 35 元 / 米）

白色大理石（110～340元/平方米）　　　　灰色嵌不锈钢条护墙板（210～450元/平方米）

菱格硬包造型（300～450元/平方米）

印花超白镜（300～360元/平方米）